图书在版编目（CIP）数据

我的第一本数学童话. 小小的二手市场 /（韩）朴晓莹 著；（意）巴伯力 绘；邓楠 译. —北京：东方出版社，2012.4
ISBN 978-7-5060-4649-7

Ⅰ.①我… Ⅱ.①朴… ②巴… ③邓… Ⅲ.①数学—儿童读物 Ⅳ.①01-49

中国版本图书馆CIP数据核字（2012）第075775号

我的第一本数学童话：小小的二手市场
（WODE DIYIBEN SHUXUE TONGHUA：XIAOXIAODE ERSHOU SHICHANG）

作　　者：［韩］朴晓莹
绘　　图：［意］丹尼尔·巴伯力
译　　者：邓　楠
责任编辑：黄　娟　邓　楠
出　　版：东方出版社
发　　行：人民东方出版传媒有限公司
地　　址：北京市东城区朝阳门内大街166号
邮政编码：100706
印　　刷：北京博艺印刷包装有限公司
版　　次：2012年6月第1版
印　　次：2012年6月第1次印刷
印　　数：1—5000册
开　　本：889毫米 × 1194毫米　1/20
印　　张：2.0
字　　数：2.9千字
书　　号：ISBN 978-7-5060-4649-7
定　　价：25.00元
发行电话：（010）65210059　65210060　65210062　65210063

我的第一本数学童话

小小的二手市场

[韩]朴晓莹(박소영) 著
[意]丹尼尔·巴伯力(Daniel Bob) 绘
邓 楠 译

東方出版社

“哇，雨终于停啦！”

下了几天几夜，

今天终于看到太阳了。

我怀着愉快的心情去上幼儿园。

可是，等了很久，

我的好朋友豆豆还是没有来。

“真奇怪啊，豆豆有什么事吗？”

“老师，今天豆豆没来！”

这时，老师难过地说：

“因为下大雨，

豆豆的家被水淹了。

家里只有她和奶奶两个人，

真是让人担心啊。”

那天放学以后，
小朋友们聚在一起商量：
“我们得帮帮豆豆。”

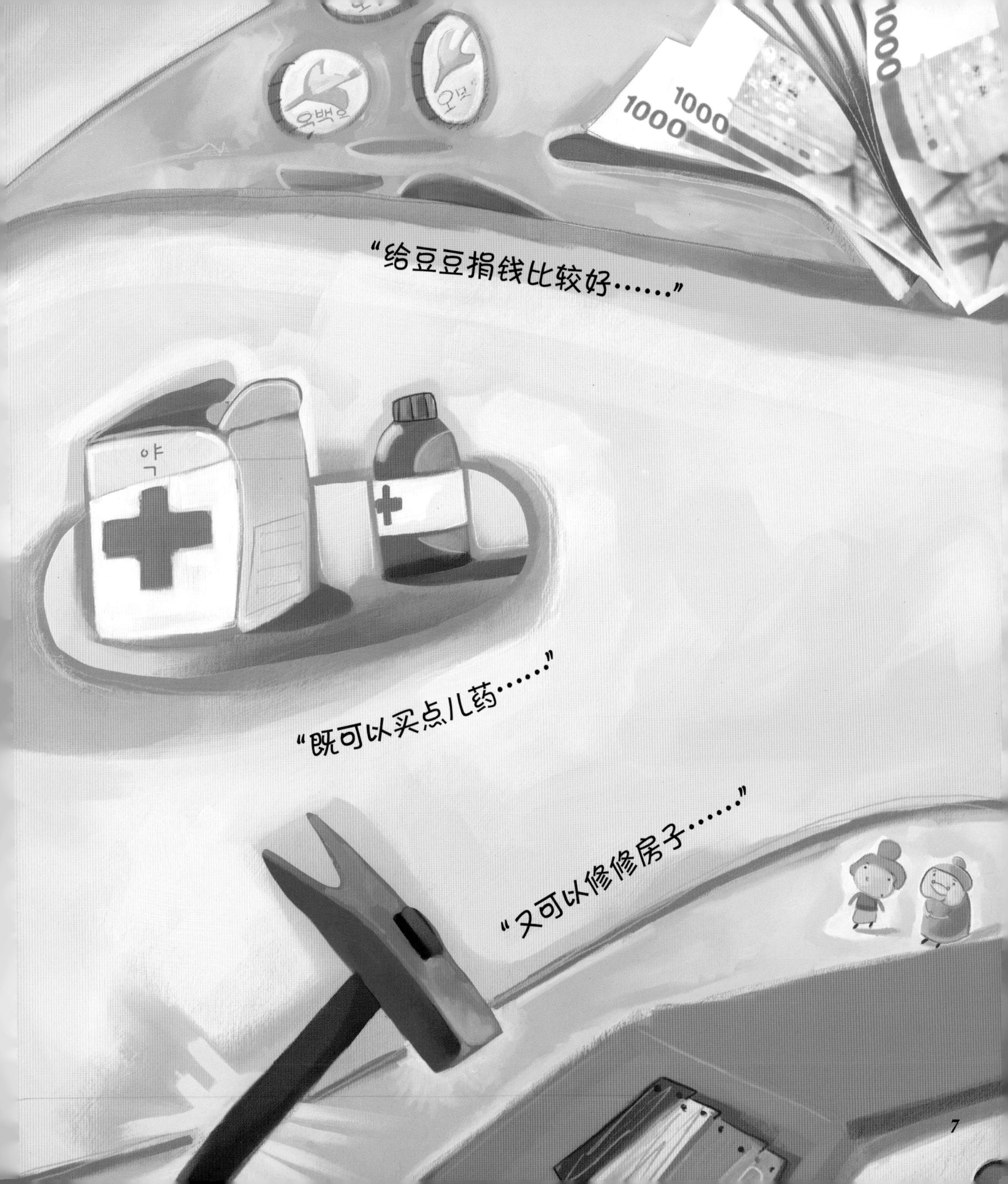
1000
1000
1000
1000
“给豆豆捐钱比较好……”
약
“既可以买点儿药……”
“又可以修修房子……”

"咱们办一个二手市场吧。"

"二手市场？"

"就是卖掉我们不用的东西。

把衣服洗干净卖掉，

看过的书也可以卖掉。"

“不错！
办一个
二手市场！”

亲爱的弟弟，
把你的玩具
借我用一下吧。
这本书
都看完了吧？
为了办好这个市场，
我们开始认真地准备。
妈妈，这件衣服
不穿了吧？

妈妈，妈妈！
是怎么做的啊？

我们的二手市场开张了。

童话书，一本 2000 元，

玩具，一个 1000 元，

橙汁，一杯 500 元，

衣服，一件 2000 元。

我们把东西都标上价格，然后等待我们的客人。

译者注：一元人民币约合 178 韩元。

我们的客人慢慢多了起来。

和孩子一起去市场，让孩子很自然地去熟悉货币的交换职能。最好能让孩子自己计算然后自己付钱，这是一种很好的体验。

有人来买嘟嘟卖的衣服了。

“我要这件衣服，给，这是 5000 元。”

“嗯？可是这件衣服卖 2000 元啊……”

嘟嘟不知怎么办才好了。

“嘟嘟，现在你应该找 3000 元零钱。”

幸好老师告诉了他该怎么做。

“这是您的零钱，请拿好。”

我也帮了嘟嘟一下哦。

虽然钱的样子变化了，但是钱的价值并没有改变。
要帮助孩子理解一张 5000 元的纸币和五张 1000 元的纸币是等价的。

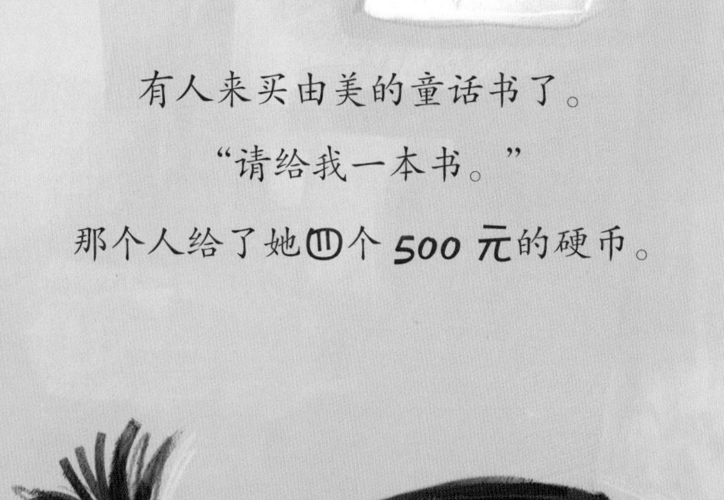

有人来买由美的童话书了。

“请给我一本书。”

那个人给了她四个 **500 元**的硬币。

译者注：韩国的硬币有 10 元、50 元、100 元、500 元。纸币有 1000 元、5000 元、10000 元、50000 元。

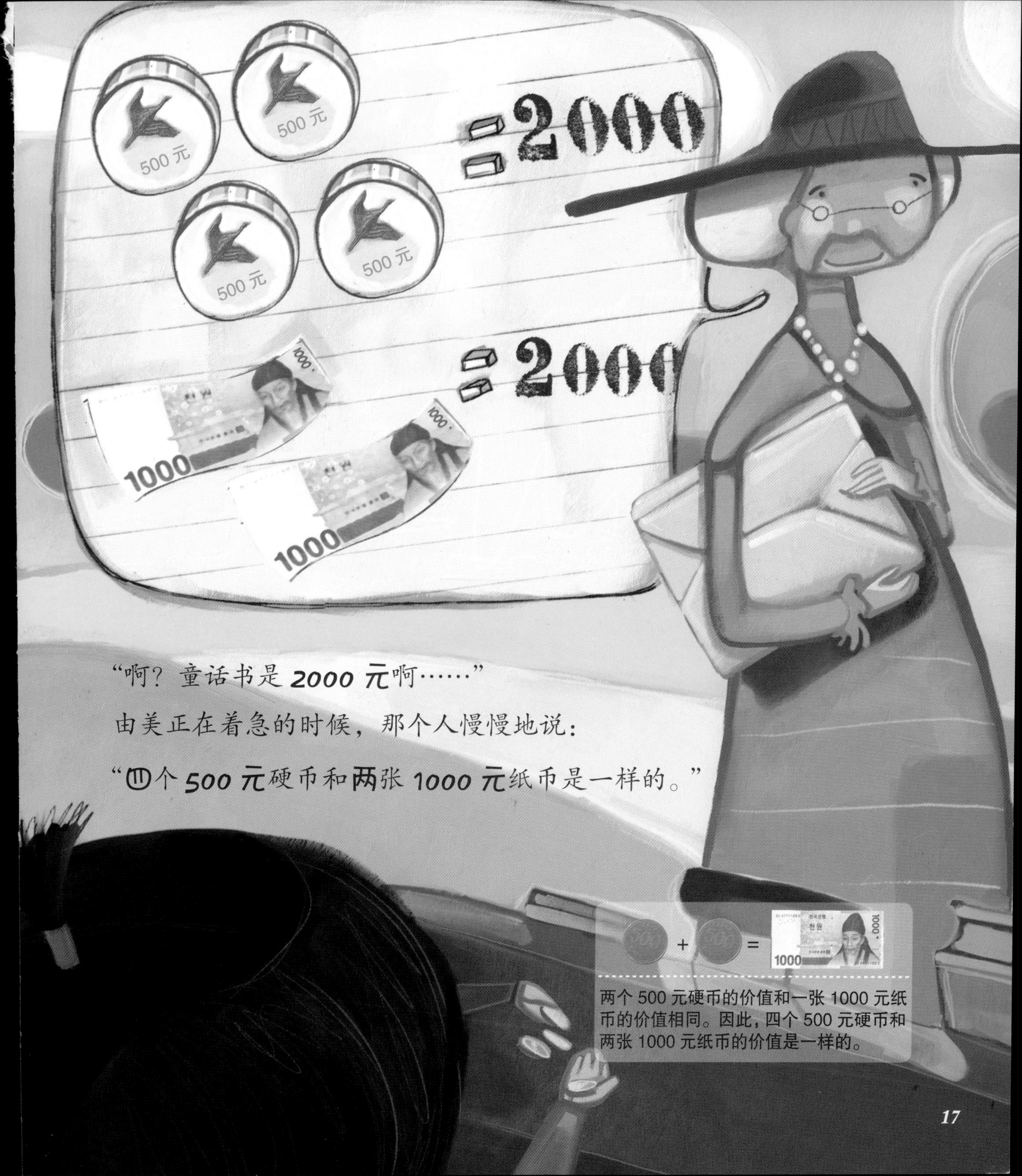

“啊？童话书是 2000 元啊……”

由美正在着急的时候，那个人慢慢地说：

“四个 500 元硬币和两张 1000 元纸币是一样的。”

两个 500 元硬币的价值和一张 1000 元纸币的价值相同。因此，四个 500 元硬币和两张 1000 元纸币的价值是一样的。

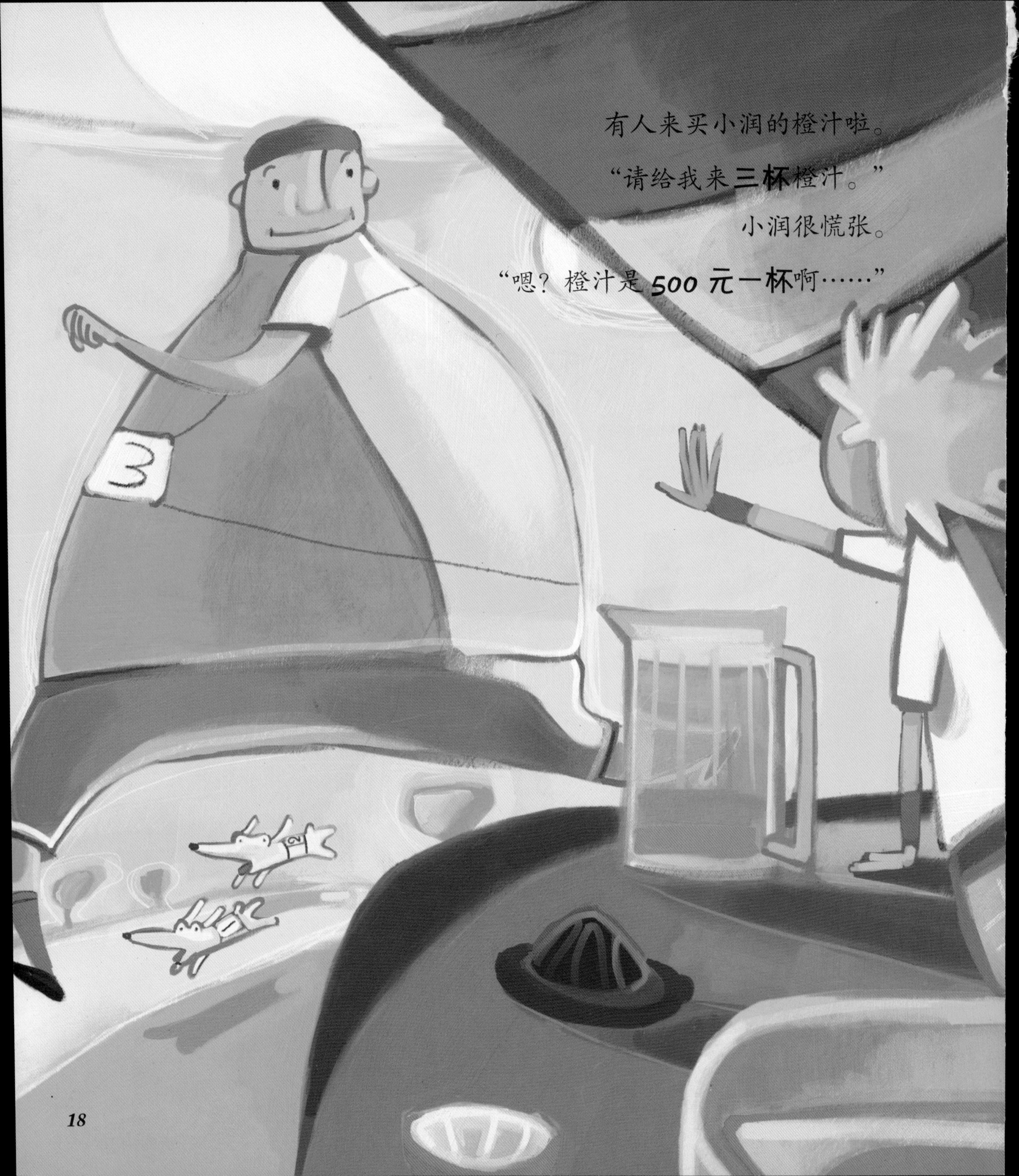

有人来买小润的橙汁啦。

“请给我来**三杯**橙汁。”

小润很慌张。

“嗯？橙汁是**500元一杯**啊……”

“三个 500 元，

就是 1500 元。”

那个人一边笑着，

一边拿出 1500 元。

三个 500 元和一张 1000 元加上一个 500 元的价值是一样的。
如果一下子告诉孩子很多关于钱的数量的计算方法的话，孩子可能难以接受。
因此，应该给孩子一点一点地分开说明。

我呢？卖掉了一个玩具。

“请给我两个玩具。”

一位客人一边说一边递给我 5000 元。

“一个玩具是 1000 元，两个就是 2000 元。

您给了我 5000 元，那我找您 3000 元，对吧？”

一点一点计算就没那么难了。

我卖了
25个玩具。
我卖了
10本书。
我卖了
20件衣服。
橙子

二手市场结束了。

我们开始坐在一起算钱。

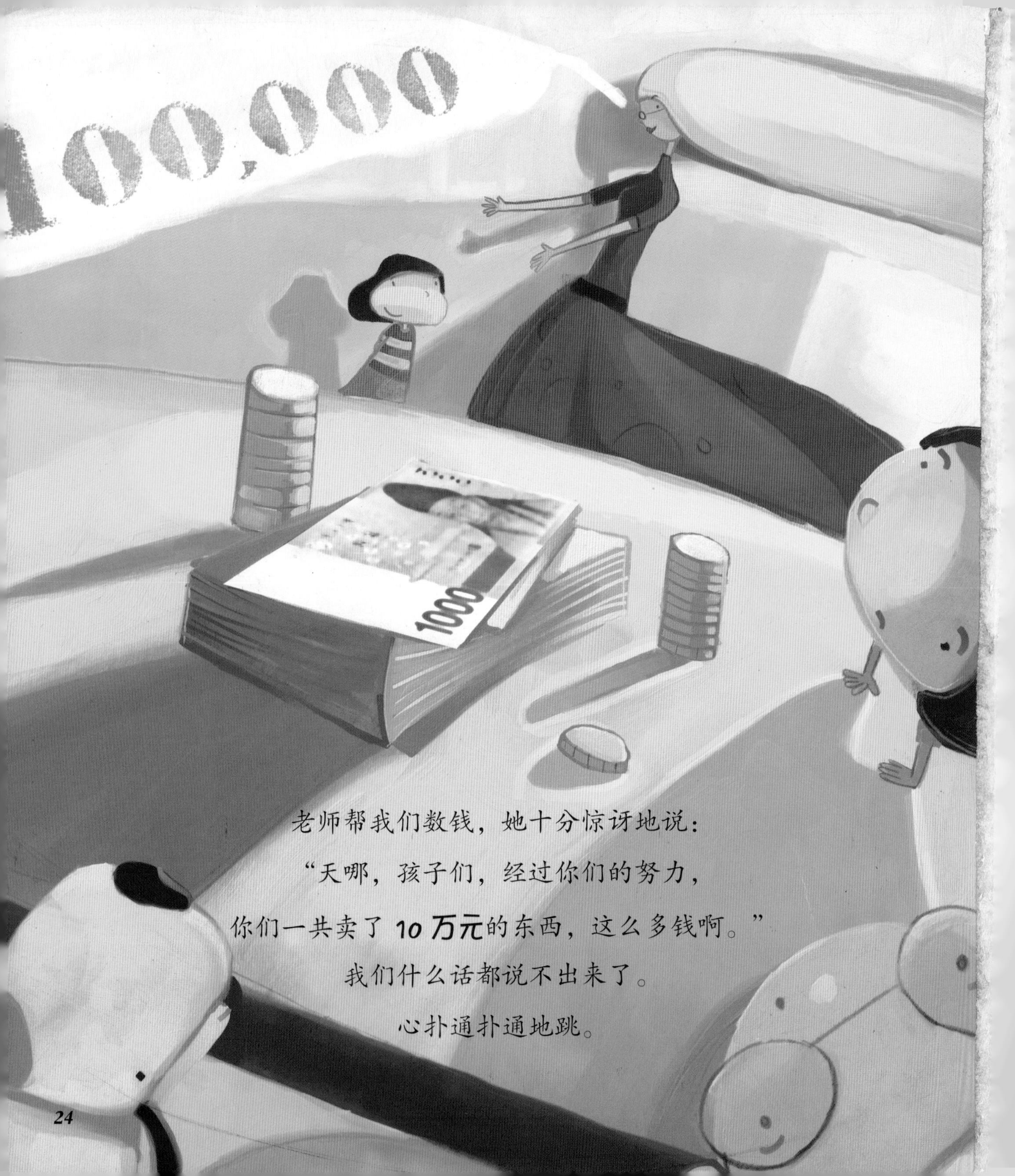

老师帮我们数钱，她十分惊讶地说：

“天哪，孩子们，经过你们的努力，

你们一共卖了 **10 万元**的东西，这么多钱啊。”

我们什么话都说不出来了。

心扑通扑通地跳。

“还有一个好消息。
我们小区的大人们，
看到你们这样做，
也弄了很多钱来帮豆豆。
老师真为你们骄傲。”

第二天，我们去了豆豆家。

“我的朋友，谢谢你们。”

豆豆的眼睛里闪着泪花。

我想早一天能和豆豆坐在一起学习。

“豆豆啊，加油哦！”

润润有很多很多东西。
他想跟妈妈要钱再买新的东西，
可是妈妈却让他想想自己可以做
什么事情。
如果他通过自己的努力去完成一
件事的话，妈妈就会给他钱。

叠衣服—1 件 20 块（韩元）

吃饭之前，放好勺子和筷子— 50 块（韩元）

整理鞋子— 200 块（韩元）

给花浇水— 500 块（韩元）

给爸爸妈妈按摩……

按摩就不要
钱了吧。

在一个星期里，我叠了

10 件衣服。

在吃饭之前，放了

4 次勺子和筷子。

鞋子是每天都整理，所以是 7 次。

虽然一周应该只浇一次水，但是因为实在太简单了，

所以我浇了

两次。

那我是不是要被弹脑崩儿啦，嘿嘿。

虽然如此，妈妈说我帮她做事，她轻松多了，所以她给了我零花钱。妈妈，谢谢啦！

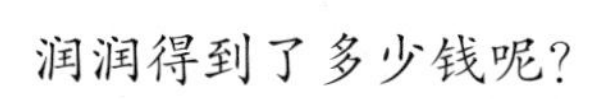
润润得到了多少钱呢？

润润想用这些钱去买
自己想要的东西，
我们看看他想要什么东西吧。

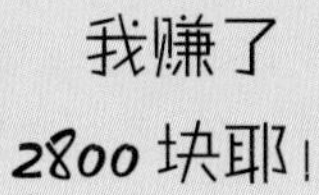

毛衣

5000 元

足球

2000 元

机器人

1300 元

玩具汽车

500 元

多纳圈

350 元

手套

1000 元

买8个多纳圈的话，
正好2800元。
不用找钱。

8个多纳圈太多啦。
买两个多纳圈和一个机器人怎么样呢？
那一共就是2000元，
还剩下800元呢。

要不就存起来？
把钱存起来，
以后就能买更好的
东西啦……

润润的钱还可以买什么呢？
买完东西之后，应该找回多少钱呢？

在孩子的自我意识刚刚萌芽的时候，应该给他们树立正确的价值观。让孩子明白，钱是通过劳动来赚取的，然后要进行健康的消费。这就是经济的循环过程。通过模拟市场的游戏，让孩子来说说如何能更好地利用爸爸妈妈挣来的钱。

在本书中，不仅告诉了我们钱是怎样使用的，而且还告诉我们钱是怎么来的。要给孩子树立一种正确的金钱观——钱不是自动产生的，而是通过劳动来赚取的。然后和孩子讨论一下，对于通过有意义的劳动获得的钱该如何更好地使用呢？故事中的孩子们为了帮助处于困境的朋友而去主动筹钱的过程是非常有意义和有价值的事情。

知识理一理

认识货币

本书这个故事主要介绍了货币的意义和面值等这样概括性的货币概念。为了给豆豆筹钱，小朋友们办了一个二手市场。在这个过程中，他们间接地接触了货币和东西之间的交换过程。要帮助孩子去理解，东西的价值和货币的价值是相等的概念。

另外，这个故事通过“二手市场”的概念，让孩子们也间接地体验了一下“二手的”消费习惯。虽然估算货币价值的方法很重要，但是让孩子去体会明智的消费文化是什么则更重要，而且还要让孩子明白，用不多的钱，比如100元、1000元，可以筹到更多的钱，用这些钱可以去帮助朋友。除此之外，这个故事还可以让孩子明白储蓄的重要性。

一起做一做

和孩子一起去超市或者市场看看。一点一点地告诉孩子胡萝卜一个多少钱，买两个多少钱，这样，就能让孩子很自然地熟悉货币的物物交换职能，而且通过比较便宜的东西和贵的东西，可以让孩子体会到货币和东西的等价性。在结账时，妈妈在旁边看着，让孩子自己去付钱，这也是个不错的体验。管理钱的过程，实际上是一个非常复杂的数学概念，甚至是经济概念。孩子对于这些陌生的概念会混淆或者感到紧张，这时不要斥责孩子，而是慢慢地帮助他们去消化和理解，并且多多鼓励他们。和孩子一起去跳蚤市场或者再回收中心看看，让他们体会一下多样的消费活动，这也会是一件十分有意义的事情。

钱是如何产生的呢？

“我需要鱼。用我的兔子换你的鱼好吗？”
在很久以前，人们都是自己制造需要的东西的。
由于需要的东西太多，于是大家开始交换。
但是，彼此交换东西也十分不便，
因此，就产生了钱。

在很久很久以前，
贝壳或盐可以
当做钱来使用。
但是，背着盐走来走去
十分不便，因为它太沉了。

人们冥思苦想，
然后用便于使用的
金、银、铜来制作钱币。